# 你不知道的动物迁徙真相

〔英〕埃德·布朗　〔英〕齐格基·哈纳奥里　著

〔英〕埃德·布朗　绘

华云鹏　马雯宇　译

深圳出版社

# 目　录

# 漫游世界

迁徙动物遍布动物王国的各个分支——鸟类、鱼类、甲壳类、爬行动物、哺乳动物、昆虫，都会在水里、陆地或空中进行伟大的迁徙之旅。以下是动物界的一些迁徙纪录保持者：

| | | |
|---|---|---|
| 最小的迁徙动物 | 长1~2毫米 | 浮游动物（见第50页） |
| 最大的迁徙动物 | 体长可达33米 | 蓝鲸 |
| 迁徙路程最长的哺乳动物 | 单程可达8500千米 | 座头鲸 |
| 迁徙路程最长的昆虫 | 单程可达4750千米 | 帝王蝶（见第38~39页） |
| 迁徙往返路程最长的动物 | 60000千米 | 北极燕鸥（见第20页） |

在迁徙的旅程中，动物们要尽自己最大的努力：它们必须穿越艰难险阻，依靠在夏天储备的资源，维持接下来几周甚至几个月的体力。到达目的地时，它们往往虚弱不堪，精疲力竭，很容易被捕食者攻击。还有许多动物在迁徙途中丧命。

## 动物为什么要迁徙？

对整个物种来说，迁徙的好处一定大于危险。大多数动物迁徙的目的要么是觅食，要么是繁殖，或两者兼有。

在寒冷或干旱的季节，食物稀缺，这时动物会迁徙到更适宜生存的地方。北极圈内的驯鹿冬天会向南走，以地衣为食，一直到育空（Yukon）的森林；角马逐水草而居，哪里降水充沛，草场茂盛，它们就去往何处；鸟类从欧洲飞行数千千米到达非洲，那里昆虫遍野，浆果种类丰富。

有些动物迁徙去往繁殖地。繁殖地通常是觅食迁徙的起点——鸟类会在食物丰富的南方过冬，而北方气候较冷，捕食者少，是筑巢繁殖的好去处。鲸的选择则正好相反——它们在温暖的南方水域繁殖，这样的话，鲸宝宝有足够的时间长出一层厚厚的脂肪，等它们到北方觅食时，就能抵御冰水的寒冷。有些动物，如大麻哈鱼（又叫"大马哈鱼"）和欧洲鳗鲡，一生中只洄游一次，穿越广阔的海洋，到达自己出生的地方，并在那里产卵。蟾蜍等两栖动物及爬行动物的迁徙路程虽然较短，但前往繁殖地时也同样坚定无畏。

迁徙还有许多重要的作用。迁徙能避免某种动物在一个地区过度繁殖，从而实现健康成长和延续发展；只有最强健的动物才能在艰难的迁徙之旅中生存下来，让物种基因库得以保持健康；迁徙还能平衡生态，控制植物和昆虫的数量，又留给它们恢复数量的时间。

## 迁徙是如何发生的？

迁徙是一件十分神奇的事。我们知道，动物以地球磁场为向导，可绕地球迁徙数千千米到达目的地，但其中有些细节仍让科学家们感到困惑。动物身体的哪一部分产生了这种神奇的"方位感"？动物的其他感官如何协同工作，帮助它们精确定位南北？人类活动对它们神秘的感官产生了什么影响？我们能做些什么来保护动物？

无论是在空中、陆地还是海上，动物们的迁徙都令人惊叹。这些动物提醒我们，世界上的栖息地相互联系，彼此依赖，我们和所有物种共享这颗神奇的星球，保护它们对于我们人类来说太重要了。

# 空中迁徙

在世界上将近10000种已知鸟类中，大约有一半会进行迁徙，包括鸣禽、游禽、猛禽和涉禽。虽然有些鸟儿迁徙的路程很短，但是也有很多鸟儿凌洲越海，一往无前地飞速行进，其旅行如史诗一般，壮美动人。

许多迁徙纪录的桂冠都戴在了鸟类的头顶：北极燕鸥每年要在地球两极之间往返，行程约60000千米；斑腹沙锥的速度最快可达每小时97千米，是世界上飞得最快的鸟类之一；斑尾塍（chéng）鹬（yù）是耐力大师，它能11天不间断飞行12200千米；即使是体形很小的鸟，迁徙的行程也很了不起——蜂鸟在加拿大落基山脉和墨西哥之间一来一回，行程约8000千米。

此时此刻，全世界正有数以百万计的鸟儿在迁徙。若你在春秋两季留意头顶上成群飞过的候鸟，想想它们从哪里来，往哪里去，那你一定会觉得，鸟儿确实值得敬畏。

# 关于鸟类

一说到迁徙，我们首先会联想到鸟类。候鸟约占鸟类总数的一半。在北半球北方地区，比如斯堪的纳维亚半岛，几乎所有鸟类都会向南迁徙以躲避冬季的严寒；在温带地区，约有一半鸟类迁徙；而在气候炎热的地区，像亚马孙热带雨林，几乎没有鸟类迁徙，因为这些地方全年的天气变化和食物供应都很稳定。

鸟类环志是一种科研手段：科学家在鸟儿的腿部戴上一条轻巧的金属带，带子上有独特的号码以供识别。

在过去，鸟儿一到冬天就好像消失了，没有人知道它们去了哪儿。如今，我们已经可以清楚地知道鸟儿迁徙的目的地和时间，因为科学家们利用卫星追踪、DNA测试和鸟类环志来追踪它们迁徙的过程。

尽管候鸟依赖的栖息地不止一个，但是它们十分容易受气候变化和栖息地消失的影响。了解鸟类迁徙有助于我们采取措施保护它们。

斑鸠是欧洲长距离迁徙的鸽形目动物。它们在英格兰东南部度过夏天，然后长途跋涉5000千米到塞内加尔过冬。

在英国，曾经随处可见的斑鸠，自1994年以来数量已经下降了93%。科学家通过标记和监测发现，现在斑鸠雏鸟的繁育数量只有19世纪70年代的一半。其原因在于，其他鸟类吃的食物多种多样，而斑鸠几乎只吃种子，植物种子一减少，斑鸠的数量也随之减少。

知道了这些，环保人士可以集中精力建造觅食栖息地，挽救危亡之中的鸟类。

# 鸟儿为什么要迁徙？

在北半球，大多数候鸟在北方温带气候区繁殖，但由于冬季昆虫减少，候鸟会飞往南方。在夏季繁殖季节，它们又会回到北方，因为那里捕食者少，更适合筑巢。

南半球候鸟的迁徙模式恰好与北半球相反：鸟类在较冷的月份飞往北方。不过，南半球的陆地面积较小，所以只有小部分鸟类从南往北迁徙。

并非所有的鸟类都遵循这种迁徙模式，鸟类迁徙的方法和原因各不相同：

云雀的迁徙时间很短。它夏季在苏格兰高地，冬季飞到英格兰低地，那里的温度要高几摄氏度，这对其生存极为重要。

夏末时，翘鼻麻鸭从英格兰迁徙到偏远的北海岛屿黑尔戈兰岛，在这里它们会蜕去所有的飞羽。因为黑尔戈兰岛上没有天敌，所以在新羽毛重新长出之前，鸟儿们可以保证自身的安全。

帕芬鸟不同寻常——它在温带地区筑巢，然后在冬季北上，在冰岛周围寒冷的海面上捕鱼8个月，直到第二年夏天才回到陆地上继续生活。

# 家燕

许多年来，人们一直觉得，一到夏末时节，燕子就悄然消失了。有人推测它们钻到池塘的淤泥里过冬去了，还有人猜测，它们远走高飞，到了月亮上。现在真相大白，燕子虽然没飞到月亮那么遥远的地方，但的确会从欧洲一路迁徙到南非，行程达10000千米。它们白天低低地掠过天空，一天能飞大约300千米，晚上则聚集栖息在芦苇丛里——那是它们每年都会回来的地方。

燕子跟随温暖的天气（和昆虫）向南飞，往往一边飞一边进食，一路捕食苍蝇、蚜虫和飞蚁。

在英国，燕子的迁徙路线穿过法国，顺着西班牙到达摩洛哥，然后穿越广袤的撒哈拉沙漠，那里的昆虫分布稀少。在这段飞行中，许多燕子死于饥饿和疲惫——这意味着只有最强壮的燕子才能活下来，并将优秀的基因传给下一代。

返回时，燕子通常会住在上一年搭建的鸟巢里。一个精心建造的巢穴意味着幸福的结合。一对相爱的燕子，只有在鸟巢坍塌时才会分开！

13

# 迁徙路线

鸟类的迁徙路线纵横交错，遍布整个世界。在亚洲，许多物种从北部地区飞往印度尼西亚或澳大利亚过冬；在美洲，鸟类会从美国和加拿大北部飞往中美洲和南美洲；在欧洲，鸟类通常去非洲过冬。

大多数鸟类种群每年的迁徙路线完全相同，这些固定的飞行路线被称为候鸟迁徙路线。飞行路线并不总是从北到南的最直接路线。它们需要考虑补给点和风向。通常情况下，候鸟迁徙路线会沿着海岸线、河流或山脉延展。许多候鸟在迁徙时会避开海洋和沙漠，因为这些地方难以停留。

有些鸟儿选择最短的直达路线，尽管这样做存在巨大的挑战。斑姬鹟能一口气翱翔40~60个小时横穿撒哈拉沙漠。

而像鹳这类鸟，翼展很长，可凭借上升的热气流展翅翱翔。热气流多在陆地上形成，因此它们必须在最狭窄的地方渡海，以便能更多地利用陆地上的热气流。

鹳会在以色列和土耳其较易通过的渡口聚集，等到大量热气流涌现时，便趁势飞过地中海前往非洲。

一些鸟类沿着不同的路线回到它们的繁殖地，这就是所谓的环形迁徙。

鲣鸟是游泳健将，可以在海洋上畅行无阻。它们身上长着油性羽毛，疏水性强，使它们能漂浮在水面上，无忧无虑地在海上小憩、觅食。

# 踏上征途前的准备

　　夏季即将结束时，鸟类大脑中会释放出特殊的激素，告诉它们要为长途飞行做准备。随着白昼变短，它们会开始大吃大喝，为旅途攒足脂肪。即使是以昆虫为主食的鸟类也会进食更多的水果和高能量种子。它们还会长出一身新羽毛，来抵御严酷的天气和大风。

对于一只重15克的鸟来说，每增长1克脂肪，就有力气多飞200千米。

不同鸟类迁徙的速度不同，这取决于它们获取能量的方式。体形较小的鸟，增加的脂肪可以让它们快速完成短途迁徙。林莺从英国飞到非洲用时不到三周。

对于体形较大的鸟，如果身体储存了太多脂肪，会因为太重无法飞行。鹗必须定期停下来觅食，还要依靠热气流才能前进，所以一只鹗要花两个多月的时间，才能飞完与林莺迁徙相仿的距离。

鹗曾经在不列颠群岛绝迹，但30年前被重新引进，现在正蓬勃生长，繁育后代。其雏鸟在12周大的时候就踏上前往非洲的迁徙之路。虽然雄性鹗会一直照顾雏鸟，直到它们做好迁徙的准备，但雏鸟迁徙时要自力更生，因此只有一半能活下来。

# "交通"方式

鸟的飞行方式可以告诉我们很多信息：多久能到达目的地，以及抵达终点需要多少能量，等等。迁徙的鸟分为两类：滑翔飞鸟和振翅飞鸟。

金雕

王凤头燕鸥

## 滑翔飞鸟

像鹰、雕、隼和燕鸥这样的鸟类，与身体尺寸相比，它们的翅膀十分宽大。这使它们能够借助"上升的热气流"飞行。地面受太阳照射升温后，地面上方空气温度升高，这时就会出现热气流。

信天翁

游隼（sǔn）

暖空气向上运动，就产生了空气螺旋。滑翔的鸟在热气流上盘旋上升，翱翔一段距离后，会降低飞行高度，直到它们遇到下一股热气流。上升的热气流只在白天出现，所以滑翔飞鸟不能在夜间飞行。

　　滑翔非常节省体力，比振翅飞行少消耗75%～95%的能量（见第22页）。这意味着滑翔的鸟在地面上补充能量的时间更少，这样就能缩短旅途时间，但它们的飞翔要依赖于发现下一股上升的热气流，所以往往会绕点路。如果有合适的风况和热气流，滑翔的鸟会很容易在一天内飞出1000千米。

　　根据记录，一只斑尾塍鹬从阿拉斯加迁徙到新西兰，行程12200千米，只用了11天时间！

# 北极燕鸥

北极燕鸥是一种善于滑翔的鸟，它占据着鸟类迁徙距离第一的宝座。北极燕鸥从北极圈内的繁殖地一路向南，飞往南极，然后再调转方向回到北极，这样迁徙一次要花两年时间，是动物界耗时最长的迁徙。

北极燕鸥是群居鸟类，迁徙时也会"拉帮结派"。通常来说，北极燕鸥群总是吵吵闹闹，但是它们迁徙之前会突然安静下来，这叫作"迁徙不安"。这种不安消散之后，北极燕鸥立即启程踏上迁徙之路。

北极燕鸥为了充分利用良好的天气条件、强大的热气流和丰富的食物储备，经常会以"之"字形绕行数百英里（1英里约为1609米），采取比较间接的迂回路线。

因此，它们每年迁徙的路程约60000千米，超过地球的周长。

# 普通雨燕

普通雨燕属于雨燕科，这些小鸟很少降落到地面上。它们在飞行中进食、求爱、觅食，甚至睡觉，一年中大约有10个月的时间在空中度过。

普通雨燕是全能飞行者，它们的翅膀可以完成各种各样的任务：向后折叠时可以追赶昆虫，伸展开来时可以在飞行中睡觉，等等。它们虽然是滑翔专家，但也会通过振翅飞得更快一点。

它们一日可以飞行800千米，边飞边补充能量，即使以每小时70千米的速度飞行，也能分辨出不同类型的虫子，巧妙地挑出最美味的一只来享用。

有些鸭科鸟类，比如说雁类和大鹅，其翅膀相对于它们的体形来说比较小，想要在空中飞行就要不断拍打翅膀。这需要消耗大量的能量，所以它们经常要在旅途中停下来休息和进食。

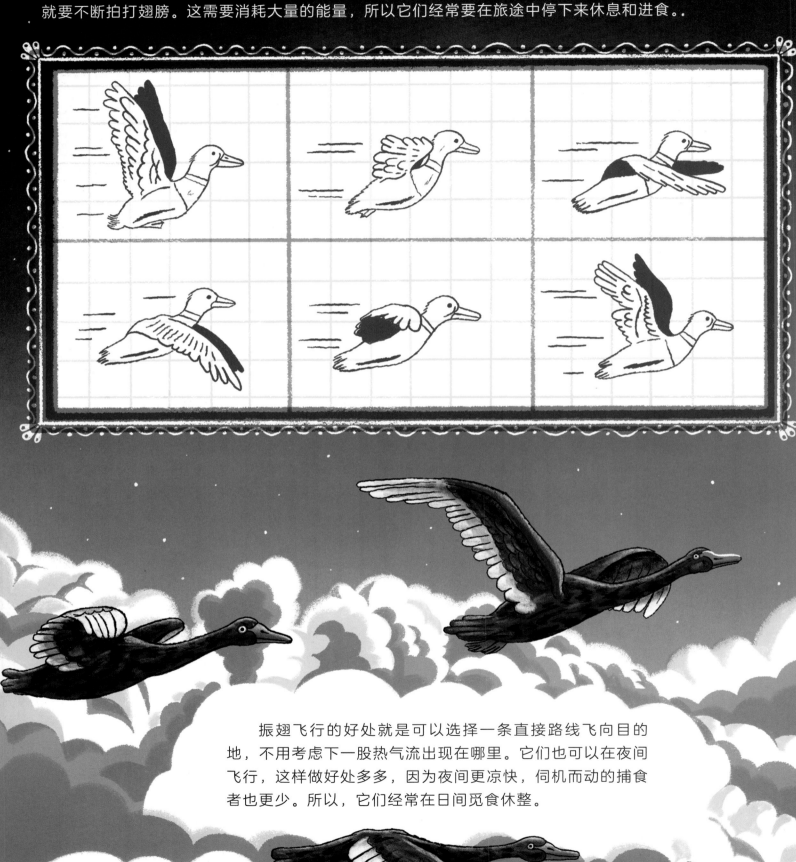

振翅飞行的好处就是可以选择一条直接路线飞向目的地，不用考虑下一股热气流出现在哪里。它们也可以在夜间飞行，这样做好处多多，因为夜间更凉快，伺机而动的捕食者也更少。所以，它们经常在日间觅食休整。

滑翔飞鸟经常为热气流的高度所困，而振翅飞鸟却能在高海拔的空中飞行。因为它们飞得太高了，所以人站在地上很难看见它们。

鸭类和鹅类虽然体重大，但飞起来很快，它们的翅膀充满力量，速度一般超过每小时40千米。高海拔地区因为风阻较小，所以它们飞行起来也更高效。

## 跳跃式飞行

一些小型候鸟，如斑胸草雀（别名"珍珠鸟"），以一种"跳跃式"的起伏模式飞行。它们拍打几下翅膀，然后收拢，以减少空气阻力，并向下俯冲，这样能够飞得更远、更快，同时节省10%～15%的能量。它们的飞行模式有点像骑自行车，快速蹬几下脚镫子，然后溜车走一段距离。

# 鸟群与队形

　　鸟儿迁徙时往往成群结队，因为置身鸟群中有利于防御敌害，遭受捕食者攻击的可能性要比单独行动时小。

　　有些像雁这样的大型振翅飞鸟，喜欢在飞行时排成"V"字形。在"V"字形前面的鸟儿会打破鸟群飞行方向的空气墙，这就形成了一个低压风洞，可以给后面的鸟儿提供升力。"V"字队形中后面的每一只鸟都会比前面的那只飞得略高，这样可以最大限度地提高空气的额外升力。

　　"V"字队形产生的效应
也被称为"牵拉效应"。

　　相比单独飞行，编队飞行可以节省高达70%的能量，鸟儿们可以飞得更远。群鸟飞行时彼此呼叫，以保持沟通顺畅，同时注意着飞在后面的同伴，防止它们落单。

　　最前面的那只鸟飞得最累，所以过一会儿它就会往后退，另一只飞行经验丰富的鸟会接替它带领鸟群飞行。

加拿大黑雁的速度可以达到每小时100千米，如果赶上强劲的顺风，一天可以飞2000千米。

# 加拿大黑雁

当北方筑巢地的湖泊开始结冰，食物变得稀少时，加拿大黑雁才会动身迁徙。在飞翔前的几个星期，它们会换新羽毛，这期间它们不会下水。冬毛可以保护它们不受寒冷的影响，并帮助它们完成接下来的长途飞行。

加拿大黑雁将迁徙路程分为几段，在中途停歇休整。最北方的加拿大黑雁会迁徙到最南方的目的地，而住在南方的加拿大黑雁只会向南迁徙几百千米，这种迁徙模式被称为"蛙跳"式迁徙。

加拿大黑雁臀部上的白色斑纹就像"着陆指示灯"，这样每只大雁都能关注到同伴。

如果雁群中有大雁受伤，不得不降落，它的几个家庭成员会陪着它，直到康复。当受伤的大雁准备好再次起飞时，它们会加入一个新的雁群。

# 斑腹沙锥

斑腹沙锥是小型涉禽，别看它胖乎乎的，它可是世界上飞行速度最快的长距离飞禽之一。它每年以每小时约97千米的速度飞行将近6800千米，从瑞典北部迁徙到撒哈拉以南的非洲。

斑腹沙锥可以一口气飞行96个小时，几乎不用休息。抵达目的地时，它的体重会下降一半。

研究人员发现，斑腹沙锥白天喜欢在海拔7000米以上的高空飞行，晚上则下降到较低的高度。这是因为它飞行时每秒钟扇动7次翅膀，体温会因此显著升高，而高空温度较低，白天在高空飞行可以防止体温过高。

# 中途停留飞行

并不是所有的候鸟都像斑腹沙锥那样耐力超群。大多数鸟儿会中途停歇几次以恢复体力。在迁徙期间，鸟类聚在一起休息和补充能量的地方被称为"中途停留点"，有些停留点会吸引大量鸟类。

在秋季迁徙期间，每天有大约3000只猛禽降落在美国宾夕法尼亚州的鹰山。

中国江苏省沿海地区是两种高度濒危的涉禽——勺嘴鹬和小青脚鹬的重要停歇地。从俄罗斯迁徙到东南亚期间，它们要在这里度过长达3个月的时间来大快朵颐和更换羽毛。

# 陆地迁徙

陆地迁徙通常比空中迁徙的时间短，但同样引人注目。虽然许多陆生动物冬天会冬眠，但还有一些陆生哺乳动物、昆虫和爬行动物会进行季节性迁徙，以寻找植被和躲避恶劣天气。例如，美洲野牛一整年都跟随着太阳，以每天约3000米的速度缓慢而稳定地迁徙——这就是所谓的"流浪迁徙"。

有些陆生动物为了寻找配偶而迁徙。雄性非洲象成群结队地向南迁徙，寻找雌性象群进行交配。蟾蜍为了到达产卵池，也会踏上一段短暂而危险的旅程。

既然无法在天空中自由飞翔，那么这些陆生动物就必须适应不断变化的陆地环境。道路、围栏和建筑改变了自然环境，在它们以前的迁徙路线上增加了障碍。艰险的地形、极端的天气和捕食者持续的威胁，意味着只有最强壮的动物才能在危险重重的迁徙中幸存下来。

# 大型哺乳动物

大多数大型迁徙陆生哺乳动物都是食草动物，属于偶蹄目。这些动物有偶数趾，也就是说，一般它们每只足上有二趾或四趾。

迁徙哺乳动物中，角马、瞪羚、长颈鹿和驯鹿都属于偶蹄目动物。斑马比较特殊，每只足上只有一趾，它与貘（mò）、犀牛都属于奇蹄目。

有一个简单的方法可以判断动物是否属于偶蹄目，那就是看它是否有角——只有偶蹄目动物才有洞角或实角。

有蹄类食草动物往往身形庞大，需要进食大量的植物维持日常所需。例如，斑马每天吃草的时间在19个小时以上。因为吃草时经常低着头，很容易受到捕食者的攻击，所以它们出行时成群结队，轮流进食和提防捕食者，以此保证安全。

个体众多的大型哺乳动物群需要大量的新鲜植被来维持生存所需。因此，它们必须不断地迁徙，寻找降雨丰沛、植被繁茂的地方。

迁徙不仅对动物的生存有重大意义，对它们所栖息的生态系统也至关重要：它们的进食限制了植物过度生长，可以保持土壤健康；当它们离开后，植物又有时间重新生长。

陆生食肉哺乳动物不会迁徙，不过食肉动物经常尾随食草动物群，尤其是在领地食物匮乏的情况下。

# 塞伦盖蒂大迁徙

在非洲的塞伦盖蒂大草原，有数以百万计的动物进行迁徙，场面壮观，令人震撼。每年大约有150万头角马、20万头斑马和30万只瞪羚追随降水，从坦桑尼亚向北到肯尼亚，再折返回去，全程1500多千米。

稀树草原地形开阔，荒草萋萋，零星树木点缀其中。

虽然这里动物的迁徙持续不断，但迁徙的"开始"发生在2月的恩戈罗恩戈罗（Ngorongoro）自然保护区肥沃的南部平原。这一地区肥沃的火山灰土壤培育出了极为茂密的草原。超过100万头角马聚集在一起，会在4周的时间内产下大约40万头幼崽。

3月，当河水渐渐枯竭、草料消耗殆尽之时，角马和其他动物开始向北迁徙，它们分成小规模的队伍，一群有几百只。

7月，角马再次聚集，准备横渡马拉河。成群的角马争先恐后地穿过这片危险的水域，不少角马死在同伴疯狂的蹄子之下，还有许多角马成为遍布河中的巨型鳄鱼的盘中餐，成功到达对岸的角马还必须避开埋伏着的大型猫科动物、鬣（liè）狗和其他捕食者。

这些在这场考验中活下来的足够强壮的动物，会前往肯尼亚的马赛马拉国家保护区，在那里享用几个月的沃草，然后在10月前后返回繁殖地。

# 北美驯鹿

迁徙路线最长的陆地哺乳动物是北美驯鹿，它生活在北美洲、北极地区，每年迁徙往返的路程将近5000千米。

相比于它们的表亲欧洲驯鹿，北美驯鹿更高更瘦，有更大的蹄子，可以分散体重，让它们能在雪地里行走。

北美驯鹿的蹄子的下面有一个勺形弯，很适合扒开积雪寻找食物。

最大的驯鹿群是阿拉斯加豪猪驯鹿群（因它们沿着豪猪河迁徙而得名），个体数量可达22万头，它们在9月或10月第一场雪落下时就开始漫长的南行。

北美驯鹿是鹿科中唯一雄性和雌性都长角的动物。

在旅途中，植物变得稀少，北美驯鹿不得不吃地衣。地衣又薄又硬，难以消化，但是可以在寒冷中生长。这就成了北美驯鹿能在岩石和树木上寻找到的仅有的食物。

北美驯鹿在加拿大安大略北部和魁北克的森林里过冬，3月开始返回。它们将于5月在偏远的北极沿海平原上产下幼崽，那里罕有捕食者的踪迹。

# 小型哺乳动物

为了避寒，那可是要走相当远的路，小型哺乳动物们实在难以招架，所以和在大冬天迁徙相比，冬眠是更明智的选择。但少数几种小型哺乳动物会进行迁徙，它们的迁徙原因各不相同，方式也相当不寻常……

## 旅鼠

旅鼠是来自斯堪的纳维亚半岛的体形迷你的啮齿动物，它们居住在北极苔原的地洞里。天气温暖食物充足时，旅鼠繁殖速度很快。一只雌性旅鼠一次可以诞下4至9只幼崽，而4周之后，长大的幼崽就可以生育自己的宝宝了。

这意味着，在某些年份，如果冬天又暖和又短，旅鼠的数量就会大爆炸。如果水和食物不够了，大群的旅鼠几乎就会同时开始动身，穿过一村又一村。

每只旅鼠心里都会燃起迁徙的熊熊烈火，没什么艰难险阻能让它退却。有些障碍物，比如大圆石头、河流或峭壁，会激起旅鼠的恐慌，但是也会激励旅鼠克服这些困难。许多旅鼠在穿越大河时死去，或是跌落高崖，又或是遭遇其他不测，使得旅鼠族群数量得以控制。但是科学家们始终不解：为什么旅鼠会罔顾生死，"自取灭亡"呢？

## 裸鼹鼠

这些个头不大、形似腊肠的小动物，其迁徙着实让人困惑不解。裸鼹鼠的视力几乎为零，终生住在地下迷宫一样的隧道城堡，以植物的根和茎块为食。它们被体形硕大、脾气火暴的裸鼹鼠女王统治。

每隔几年，就会有一只裸鼹鼠开始分泌奇怪的激素，在其作用下它变得非常肥胖，并且不配合裸鼹鼠群的工作。裸鼹鼠女王并不急于惩戒，而是静观其变。

最终，在夜深人静的时候，这只孤独的裸鼹鼠将走出安全的隧道城堡，四处游荡。

这只又小、眼神儿又不好的裸鼹鼠凭借短小的四肢将迁徙相当长的一段路——有时候要超过一英里。然而这趟迁徙似乎并无明确的目的地，它走着走着就会挖开地面，试图建造一条新隧道。如果它走运，就能遇见另外一只和它过往相似、出身不同的裸鼹鼠，两只小鼠互相嗅嗅，擦出火花，接下来就能繁育出自己的大家庭。

# 昆虫

昆虫的迁徙方法多种多样——不长翅膀的昆虫仅迁徙几米，有翅膀的昆虫能完成更远的迁徙。蜂拥的非洲蝗虫一天就能迁徙100多千米，所到之处，寸草不留，全作腹中餐。蜻蜓是昆虫界长距离迁徙之王，顺风飞行，可以从印度远航至非洲。瓢虫迁徙距离较短，夏天在低地，冬天到山上。

蚜虫、蝗虫和蝴蝶等昆虫形态各异。即便是种类相同，体形也可能不一样，这取决于交配或迁徙的需要。

## 帝王蝶

帝王蝶在昆虫界迁徙名号最响，数百万只帝王蝶在墨西哥中部的小山包上过冬，它们蜷缩在冷杉树的树枝上。

春天来临时，帝王蝶开始向北飞去。它们只有5至7个星期的寿命，在迁徙的不同路段，它们会停下来在乳草属植物上产卵，产完卵后不久就会死亡。

乳草属植物含有的某种物质对大多数动物来说是有毒的，帝王蝶也因此不受捕食者的喜爱。

　　小毛虫会从卵里孵化出来，几周内就会变成蛹，蛹再蜕变成蝶。不久，成年帝王蝶就会北上，接续下一轮生命迁徙。四至五代帝王蝶不断迁徙，最终到达它们夏季的家园——美国和加拿大的东北部。

　　秋天一到，帝王蝶就向墨西哥回迁。然而，无论是外观还是行为，进行这趟迁徙的它们和之前北上时的帝王蝶迥然不同——不但体形更大、翅膀更长、颜色更深，而且拥有8个月的寿命，整段向南7500千米的迁徙旅程一代就能完成。

帝王蝶凭借气流完成史诗般的迁徙之旅，这一点和滑翔的鸟类有异曲同工之妙。

# 爬行动物和两栖动物

爬行动物和两栖动物已完美适应其周遭环境，因此一般不进行迁徙。冬天气温低，它们就减缓自身的代谢。它们的迁徙一般路程短，且发生在产卵地点之间。

象龟的平均寿命超过100岁，已知寿命最长的象龟活了176岁。

## 象龟

加拉帕戈斯群岛的象龟生活在湿润的岛屿高地上，那里食物充足。遇上雨季，它们就沿着火山山坡跋涉到较干燥的区域。象龟体重可达250千克，行动迟缓，虽然只迁徙六七千米，但是要花费足足3周时间。象龟会在干燥的低地产下卵，然后优哉游哉地回到高地上。

## 蟾蜍

每年春天，蟾蜍从冬眠中苏醒过来，向着自己出生的池塘进发，并在那里繁衍后代。每年，蟾蜍沿着相同的路径迁徙，走过的路程最长达到2000米。

与青蛙依靠自己发达的后肢行进不同，蟾蜍只能在地上爬行，所以它们的迁徙缓慢又艰辛，单程就要花15分钟。蟾蜍往往在夜间迁徙，这样有利于它们脆弱的皮肤保持水润。蟾蜍在夜里不太容易被注意到，仅在英国，一年死于"交通事故"的蟾蜍就重达20吨。

# 海洋迁徙

海洋覆盖了我们星球表面70%以上的面积，仅其中生活的鱼类就有32000多种，这比所有其他脊椎动物（两栖动物、爬行动物、鸟类和哺乳动物）种类的总和还要多。

正是因为海面之下的世界神秘莫测，难以观察，直到现在，我们对海洋生物的迁徙模式还是一知半解。但是可以确定的是，伟大的迁徙时时刻刻都在发生，鱼类、海龟、甲壳类动物、海洋哺乳动物，甚至浮游生物等微生物都在迁徙——有的穿越整个海洋，有的从最黑暗的海洋深处来到海面。

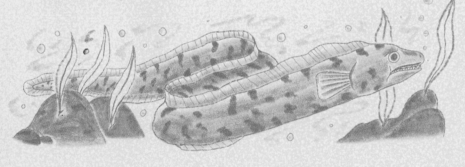

当气候变化，海洋升温时，海洋生物必须要比其他动物反应更快，及时调整自己的行为模式。变温动物耐受的温度区间极为狭窄，许多物种被迫迁徙到更冷的水域。这将改变海洋的生态系统，但其具体方式我们现在还不甚了解。

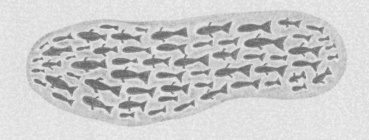

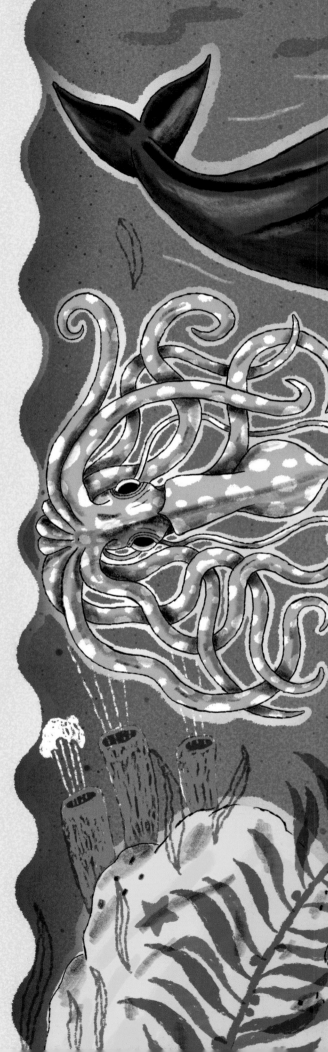

# 鱼类

鱼类从产卵地迁移到觅食地，然后从觅食地回到产卵地，这一来一回的路程可以达到几千千米。

鱼类的迁徙模式往往与洋流相关。成年鱼逆着洋流产卵，等卵一产下来，就会随着洋流漂到觅食地去。

洄游鱼类有三类：

**海洋洄游鱼**　完全在海中生活和洄游。

**溯河产卵鱼**　从海中迁移到淡水中产卵。

**降海产卵鱼**　从淡水中迁移到海洋中产卵。

## 金枪鱼

　　金枪鱼就是典型的海洋洄游鱼。它从日本海的产卵地游到美国加利福尼亚的海岸，在那里觅食和成长，大约7年后返回西太平洋繁殖，行程约8000千米。

## 海七鳃鳗

　　海七鳃鳗（也被称为"吸血鬼鱼"）是溯河产卵鱼。它们生活在海里或咸水湖里，繁殖时逆流而上进入淡水河道。海七鳃鳗的卵孵化后，像小蠕虫一样的幼鱼钻入河沙中生长，以浮游生物为食，持续数年。最终，幼鱼变得长长的，像鳗鱼一样，长着吸盘一样的嘴巴，里面长满锋利的牙齿。它们游到海里，附着在大鱼身上，靠吸食鱼的血液为生，在脱离前能喝下多达18千克的血液。这样生活一年后，它们会回到河里产卵，然后死亡。

# 大麻哈鱼

　　大麻哈鱼是溯河产卵鱼的又一代表，这种鱼会从海里逆流而上，游到河里产卵。

　　当鱼卵孵化后，鱼宝宝（称为"鱼苗"）漂流到下游，在河流中生活一至两年后迎来蜕变：鳃适应了咸水，身体两侧变得银光闪闪。然后，它们就要踏上数千千米的旅程，进入海洋觅食地。

　　大麻哈鱼在海里生活三四年后，成长为重约10千克的大鱼。当足够成熟时，大麻哈鱼就不得不踏上回程。它们游过数千千米，穿越海洋，精准回到出生的那段河流。人们认为，大麻哈鱼具有敏锐的嗅觉，可以嗅出它们出生时的确切位置。

这个旅程需要付出巨大的努力。大麻哈鱼要游过2500多千米的距离才能到达河边，然后用力把自己强壮的身体"投掷"到上游。为了到达目的地，它们会不惜一切代价，越过巨石、瀑布以及任何障碍。如果一条河流里筑了大坝，人类必须安装鱼梯来帮助它们迁徙。

这场迁徙也让大麻哈鱼付出沉重代价。它们的身体已经不适应淡水生活，食物也不充足。为了完成这场迁徙，大麻哈鱼不得不消耗一部分骨骼。一旦产卵，大部分鱼会很快走向衰亡，它们这时被称为"僵尸鱼"，熊和鹰等捕食者就会聚集在周围饱餐一顿。

95%的大麻哈鱼在产卵之后会死去。然而，有一小部分鱼会在艰难险阻中存活下来，游回大海。时机一到，这些幸存的大麻哈鱼就会重复迁徙之路并再次产卵。这种历经磨难的大麻哈鱼被称为"凯尔特鱼"。

# 欧洲鳗鲡

欧洲鳗鲡是降海产卵鱼，它们在淡水中生活，在大海里产卵。它们有着动物界最不寻常的生命周期，其外形在一生中会变化四次。

欧洲鳗鲡在大西洋的马尾藻海产卵，但是它们产卵的准确位置仍不为人所知。

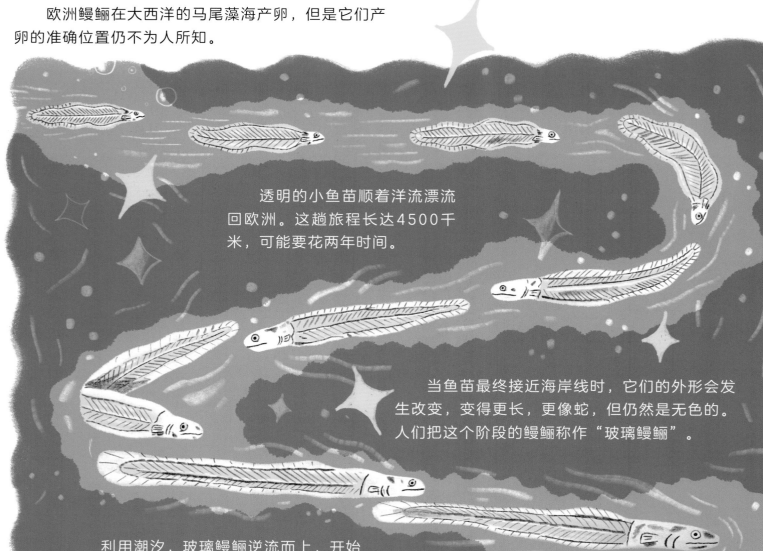

透明的小鱼苗顺着洋流漂流回欧洲。这趟旅程长达4500千米，可能要花两年时间。

当鱼苗最终接近海岸线时，它们的外形会发生改变，变得更长，更像蛇，但仍然是无色的。人们把这个阶段的鳗鲡称作"玻璃鳗鲡"。

利用潮汐，玻璃鳗鲡逆流而上，开始呈现出褐色，初具鳗鱼的雏形，俨然一副"小大鱼"的模样。

欧洲鳗鲡渐渐成熟，长成较大的"黄体鳗"。黄体鳗会在淡水栖息地生活5至20年之久。

当欧洲鳗鲡最终成熟时，它们的外形又会发生巨大的转变——皮肤变成银色，胸鳍变宽，眼睛变大10倍，肌肉也大量增加。

然后，欧洲鳗鲡告别河流，穿越海洋，回到马尾藻海，在那里它们将进行第一次也是最后一次的繁殖，然后死亡。没有人真正目睹过欧洲鳗鲡产卵，关于它产卵的过程和地点，仍是谜团重重。

像大麻哈鱼一样，欧洲鳗鲡的迁徙欲望非常强烈，如果路上有障碍物，它们会离开水面，试图在陆地上蠕动前进。

自20世纪70年代以来，欧洲鳗鲡的数量锐减95%，被列为极度濒危物种。关于欧洲鳗鲡的繁殖还有很多领域尚待研究，因此重新引入的难度较大，欧洲鳗鲡未来能否免于灭绝还未可知。

# 昼夜垂直迁徙

地球上规模最大的动物迁徙每天都在发生。每当夜幕降临，数以万计的海洋生物就会从海洋深处迁移到表面水域，这被称为昼夜垂直迁徙（DVM）。

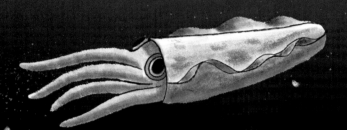

浮游动物是微型的海洋生物，主要生活在深度超过1000米的海底区域。它们以生长在海洋表面的微型海洋植物为食，这些植物叫作浮游植物。浮游动物是许多鱼类眼里的美味小吃，所以要是不想给捕食者填肚子，它们白天就得在阴暗的深海里好好藏着。太阳落山时，浮游动物会迁徙长达1000米到达海面，对于微小的浮游动物来说，这实在是太了不起了！

小型鱼类和枪乌贼也会进行昼夜垂直迁徙，和浮游动物一道躲避捕食者。

由于地球自转，海洋迎来日出，一波一波的垂直迁徙生物在海面闪烁，在太阳完全升起之前，它们会及时返程，重新没入深海。

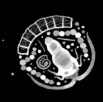

昼夜垂直迁徙动物对地球十分有益。浮游植物从大气中吸收大量的二氧化碳，垂直迁徙动物吃掉浮游植物，这部分被吸收的二氧化碳随着垂直迁徙动物被一起带入深海，从而防止地球大气的碳含量过高。

# 棱皮龟

　　海洋哺乳动物和爬行动物都进行着伟大的迁徙。棱皮龟可谓是其中迁徙经验最为丰富的了。它们随着洋流觅食美味的水母，每年迁徙17000多千米，然后回到自己降生的繁殖地。

棱皮龟是世界上体形最大的海龟，它的外壳并不坚硬，而是像皮革一般柔软。

　　太平洋中的棱皮龟从印度尼西亚的海岸启程，一路行至加利福尼亚，再北上去往阿拉斯加的滨海水域。每隔3～4年，雌性棱皮龟会回到自己出生的海滩产卵。

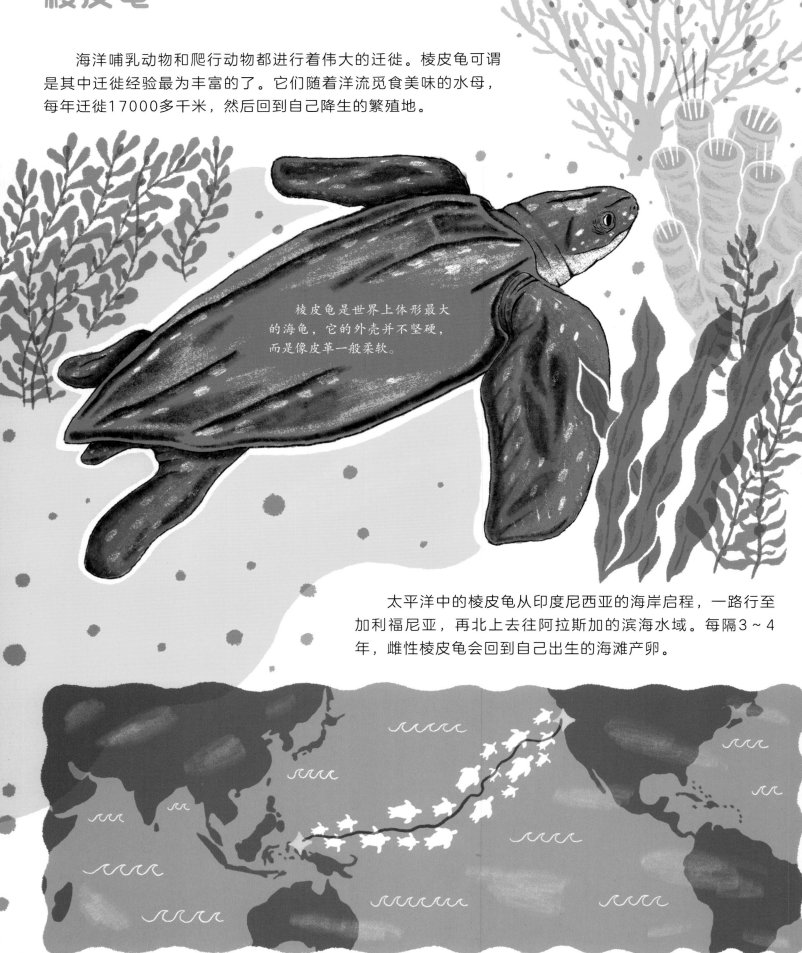

产卵过程将持续12天，其间棱皮龟妈妈会用自己的脚蹼在沙滩上挖3～4个小坑，在小坑里面产下100多枚卵。

经过约56天的孵化，小棱皮龟破壳而出，踏上自己的迁徙之旅。跟随着月光的指引，龟宝宝们在沙滩上努力挖开自己的路，爬向大海。捕食者就在海岸上等待着它们。如果该地区有人工照明，刚孵化的小棱皮龟往往会朝着灯光前行，而不是大海。所以最终只有不到3％的龟宝宝能长大。

棱皮龟的头顶上有一个粉红色的斑点。科学家们认为，这可以让光线照射到它们大脑中负责迁徙的区域，提示繁殖的季节何时到来。

# 鲸

许多种鲸每年从繁殖地到觅食地一来一回，要游几千千米。有些鲸从北向南迁徙，有些在较浅的水域和深海之间迁徙，有些则是两种迁徙都实行。

须鲸类，如灰鲸、座头鲸和蓝鲸，以浮游生物为食。它们没有牙齿，而是有巨大的、粗硬的口筛，称为鲸须，可以将浮游生物从海水中过滤到嘴里。

这些鲸随着浮游生物去往北极和南极水域，它们不停地进食，从而长出一层厚厚的脂肪。这些脂肪叫作鲸脂。秋天，它们会迁徙到热带和亚热带的温暖水域，在那里繁衍后代。如果没有脂肪作为隔温层，幼鲸将无法在寒冷的极地水域生存，所以鲸踏上回程之前必须留给宝宝们成长发育的时间。

鲸的乳汁脂肪含量极高，可以帮助幼鲸增加脂肪。蓝鲸妈妈每天可以分泌约400升脂肪含量为50%的乳汁。

在这些鲸中，灰鲸的迁徙路线是公认最长的，往返约20000千米。人类开展航运和捕鱼业会使鲸的迁徙面临重重危险，许多种鲸现已濒临灭绝。

# 动物导航的改变

我们人类需要借助工具确定自己的位置，带上指南针、地图或者借助卫星导航才能从甲地走到乙地。如果没有这些工具的帮助，在全然陌生的环境里，我们大多数情况下很容易迷路。

迁徙动物就不为这些问题所烦恼。不论身处何地，信鸽总能直线飞回自己的小窝。布谷鸟生来没有父母指引，却也能在初生的第一年，准确无误地抵达千里之外的繁殖地。

科学家们仍然不明白，动物究竟是如何正确规划出长达数千千米的迁徙路线的。但我们知道，动物感官、本能和习得行为的复杂平衡也受到了我们人类改造世界的影响。光污染、栖息地丧失和气候变化构成了生态系统的主要破坏因素，动物何时繁殖、何时觅食、何时迁徙均遵循着生态系统的调节。动物现在不仅要在地球上确定方位，还要绕过人类设置的障碍。

# 导航和定向的奥秘

　　动物航行者每年都能穿越地球，而且从未偏离过正确道路。正如我们所看到的，北极燕鸥在一年内就能环游地球，大麻哈鱼能准确地找到它们出生的河段，而帝王蝶则跨越一个大陆，在墨西哥的特定树上过冬。那么，它们是如何做到的呢？

　　这个问题几千年来一直困扰着人类。2万年前的洞穴壁画描绘了陆地哺乳动物在非洲大草原上的迁徙。古希腊哲学家亚里士多德认为，鸟类在冬季会变成其他物种。还有两种说法直到19世纪还在传播：一种是候鸟在湖底的泥土中冬眠，还有一种是某些鸟类长在树上，就像果实一样！尽管我们现在知道这些说法都不正确，但围绕动物航行这个话题仍有许多谜团。

蝙蝠发出声波，声波在周围物体上反弹，产生不同的回声，蝙蝠通过聆听回声来确定方向，这叫作回声定位。

科学家利用扎带、雷达监测和跟踪装置等手段，对动物的迁徙习惯和路线进行观察，并拼凑出动物迁徙的全过程。他们得出的结论是，动物在找路时可谓八仙过海，各显神通。总体来说，似乎大多数迁徙动物能探测到地球的磁场，粗略判断出自己在地球上的位置。然后，使用其他感官，如视觉、听觉和嗅觉，以及回声定位（用声音"看"）和电感受（检测电脉冲）来精准确定如何到达目的地。

# 依靠磁场迁徙的动物

　　地球熔融核心产生的磁场似乎是世界上迁徙动物惊人的导航技能形成的关键。迁徙距离最长的动物（一部分鸟类和海洋生物）体内似乎有一个指南针，不仅为它们指明方向，还能明确具体方位。我们称这种第六感为磁觉。

　　尽管研究了50多年，但谈及动物体内"指南针"的确切位置，科学家仍然莫衷一是。第一种理论是，磁铁矿这种矿物质就是谜题的答案，磁铁矿存在于鸟嘴、鱼鼻（学名"盲囊"）和蜜蜂的腹部，这种矿物质易受磁场影响，不仅可以告诉动物其本身的朝向，还可以告诉动物它们与地球两极的距离。

第二种理论是，一种被称为"隐花色素"的化学物质才是动物的"指南针"。隐花色素存在于动物眼睛的视网膜中，它对光产生反应，释放特殊的分子，这种分子感应着地球磁场，像微型磁铁一样，使迁徙的动物在旅行时能够"看到"磁场。

科学家发现，如果把一只红海龟放在不同于地球的磁场之中，这只海龟就会晕头转向，迷失其中。一旦去除人造磁场的影响，红海龟就能回到自己长达10000千米的迁徙征途上去。

人眼同样含有隐花色素，研究还发现，磁铁矿遍布人脑的每个角落。

上述两种理论都可能成立。"地图幻视"可能来自磁铁矿的作用，"方位感"可能受隐花色素影响，两种系统逐渐演化，协同作用，在不同的物种上呈现出不同的职能。

地球磁场对于长距离迁徙的分段至关重要，但随着动物越来越接近目的地，它们就进入了归巢阶段，在这个阶段每种动物会使用不同的方法来精确感知目的地所在的方位。

熟悉的地标可以作为重要的寻路工具：地形地标，比如河流和海岸线；生态地标，如植被覆盖的区域；气候地标，如气压和湿度。这些都可以为动物迁徙指出正确的方向。天文馆的实验证明，夜间飞行的鸟类利用星星来导航。如果星座稍有偏移，鸟儿就会失去方位参照。

信鸽是优秀的导航员，它们能从数百千米外找到回巢的路。在一项实验中，科学家们发现，被剥夺了嗅觉的鸽子很难找到自己的巢穴，因此得出结论，鸽子把它们脚下的风景看成一张"嗅觉地图"，而它们的巢穴就是一个香气四溢的巨大路标。大麻哈鱼的嗅觉也很灵敏，它们通过探测海洋和河流中不断变化的矿物质含量，识别出去往产卵地的路。

其他动物定位巢穴时使用的手段更为神秘。鲸和长颈鹿利用低频声波（次声波）导航。鳗鱼和鲨鱼可以感知水下电场为自己导航。许多昆虫能够利用偏振光模式导航，这是在光线被空气中的颗粒散射时形成的，有助于昆虫定位太阳，这种能力即使在阴天也可以使用。

# 影响迁徙的其他因素

科学家认为，大多数情况下，动物识别迁徙路线靠基因遗传。圈养的小鸟，哪怕从来没接触过迁徙路线的信息，也能够准确无误地找到这些路线。尽管如此，不少鸟类还是会教授自己的后代如何微调迁徙路线。

针对美洲鹤的研究发现，有些小鸟与年纪更大的鸟一起迁徙几年之后，会选择更直接的路线并充分利用热气流，这将其迁徙的效率提高了20%。

沟通交流也可以帮助动物调整迁徙路线。成群结队的动物会相互"交谈"，以确保族群都在正确的迁移路线上，远离捕食者和其他危险。鲸会"唱歌"，相互告知它们从哪里来，要去哪里。

昼夜垂直迁徙动物会发出一种声音，类似于"开饭铃"，告诉大群的浮游动物，是时候从海洋深处上升到海洋表面觅食了。

　　热成风和洋流等环境因素也在迁徙路线上发挥作用。鱼类会逆流而上到达繁殖地，这样鱼卵和鱼苗就会自然顺着洋流漂流到觅食地，在那里鱼苗可以发育成熟。

　　人类也曾经是导航专家。波利尼西亚人可以毫不费力地穿越数千千米的大海，到达居住的小岛。一项实验发现，不论磁铁是真是假，把磁铁贴在人头上，都不能给人指明回家的方向。这表明在我们内心深处可能也有或曾经有过导航感。

# 环境的变化对动物迁徙的影响

　　气候变化正在影响世界上所有动物的栖息地，但迁徙动物受到的影响尤其大，因为它们不是依赖一个生态系统，而是好几个。例如，对迁徙鸟类来说，重要的不仅仅有繁殖地和觅食地，还有沿途的每个休息地点和热气流。

　　科学家发现，由于气温上升，鸟类产卵的日期相较往常会提前一些，如此一来，幼鸟就容易受到捕食者、寄生虫和疾病侵袭，而气候较冷时，这些危险通常不会出现。当鸟类飞往南方过冬时，曾经郁郁葱葱的冬季家园往往变得干燥炎热，像沙漠一样。

　　土地过度利用、伐木、城市化和放牧导致的土壤退化，让上述情况还在持续恶化。为了追随降雨，陆生哺乳动物只得艰难地穿过大路、绕过人类制造的障碍。有时人类会建造陆桥帮助动物自由穿行。

　　说起人类制造的麻烦，那真是说也说不完。曾经是候鸟重要停歇地的湿地，现在被抽干或者开发作为商用。人工照明和污染会干扰鸟类、爬行动物和昆虫发挥导航能力；海洋变暖意味着鱼类正和新生态环境缠斗；而生态系统中的塑料则会扰乱动物激素的分泌，动物迁徙和繁殖的周期就会受到影响。

　　科学家持续研究动物迁徙的机制，以及地球的生态系统相互依赖的关系。人类和动物共享这颗神奇的星球，地球是我们共同的家园。有了知识，就有了力量和责任。人类掌握的知识越多，就能越好地保护动物。

# 术语汇编

**磁觉**　许多迁徙动物都有这种能力，帮助它们感知地球的磁场并确定方向。

**磁铁矿（粒子）**　在鸟类的喙和鱼的鼻子中发现的一种矿物质，可以作为微小的指南针，帮助动物在地球的磁场中定位。

**电感受**　动物通过探测水中的电脉冲来确定自己的方向的感觉。

**多态性昆虫**　同一物种的昆虫因负责交配或迁徙而有不同的身型。

**浮游动物**　极其微小的海洋生物，以只有通过显微镜才能观察到的海生植物为食。

**浮游植物**　生长在水面上的微型海洋植物，吸收二氧化碳。

**海洋洄游鱼**　完全在海中生活和洄游的鱼类。

**滑翔飞行**　身体小、翅膀大的鸟类在迁徙时选择滑翔而非拍打翅膀，这样可以最大限度地利用热气流进行长距离迁徙，节省75%以上的能量，使它们能够更快地完成旅程而不用花过多的时间补充能量。

**环志**　一种科研手段，科学家在鸟儿的腿上套上一条轻巧的金属带，根据带子上独特的号码追踪鸟类的迁徙路线。

**回环迁徙**　鸟类以不一样的路径飞回筑巢地的一种迁徙方式。

**回声定位**　动物通过发出声波并根据回声确定自己的方位。使用回声定位的动物有蝙蝠和海豚等。

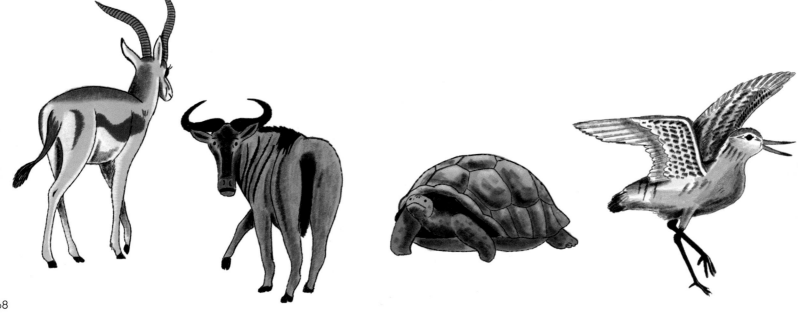

| | |
|---|---|
| **降海产卵鱼** | 在淡水中生长，集群迁徙到海洋产卵繁殖的鱼类。 |
| **凯尔特鱼** | 在产卵迁徙中幸存下来，并回到海洋再次产卵的大麻哈鱼。 |
| **流浪式迁徙** | 某些动物全年不断短途迁徙，而非根据季节变化长途迁徙。 |
| **偶蹄动物** | 大型食草哺乳动物，每足的蹄甲数为偶数。 |
| **迁飞路线** | 某些种类的鸟每年迁徙都会遵循的路线。 |
| **热气流** | 暖气柱螺旋上升，让翼展广阔的鸟类在不拍打翅膀的情况下滑翔数公里。 |
| **溯河产卵鱼** | 在大海里成长，迁徙到淡水区产卵繁殖的鱼类。 |
| **跳跃式飞行** | 小型候鸟以"跳跃"的方式飞行——拍打几下翅膀，然后收拢双翼，短时滑行。 |
| **停歇地** | 鸟类迁徙时聚集休息并补充能量的地点。 |
| **"V"字形** | 一种飞行队形，队伍中后面的鸟躲在前面的鸟后面以减少空气阻力。领飞的鸟将承担起最费力的飞行，队伍中的鸟轮流领飞。 |
| **蛙跳式迁徙** | 同一物种中的一些鸟类比其他鸟类迁徙的路途更长。最北方种群的雁会飞到最南方的目的地，也就是说，它们的迁徙路线比南方种群的雁要长很多倍。 |
| **隐花色素** | 存在于部分动物的视网膜中，使它们能够"看见"地球的磁场。 |
| **振翅飞行** | 翅膀较短的鸟类会扇动翅膀飞行，而不是滑翔。这需要消耗更多的能量，但给了它们更多灵活选择的余地，使它们能够在高海拔地区飞行和在夜间飞行，并采取直接路线到达目的地。 |
| **昼夜垂直迁徙** | 在海洋的各个角落，有数以亿计的微型海洋动物，每天根据日出日落的节律，从海洋深处游到表面，捕食浮游植物。 |

# 动物索引

致鲍勃和玛利贝尔、布朗一家、爱德华一家、戴维森一家和杰姆：

感谢你们所做的一切，我爱你们。也感谢奇卡达传媒的齐格·汉娜的鼎力相助。

——埃德·布朗

版权登记号　图字：19-2023-277
审图号：GS 粤（2023）1430 号

Epic Animal Journeys:Navigations and Migrations by Air, Land and Sea
Copyright © 2022 Cicada Books
All rights reserved

图书在版编目（CIP）数据

你不知道的动物迁徙真相 /（英）埃德·布朗,（英）
齐格基·哈纳奥里著；（英）埃德·布朗绘；华云鹏,
马雯宇译. -- 深圳：深圳出版社, 2024.3
　　ISBN 978-7-5507-3403-6

Ⅰ. ①你… Ⅱ. ①埃… ②齐… ③华… ④马… Ⅲ.
①动物 - 迁徙 - 少儿读物 Ⅳ. ① Q958.13-49

中国国家版本馆 CIP 数据核字 (2023) 第 197308 号

# 你不知道的动物迁徙真相
NI BU ZHIDAO DE DONGWU QIANXI ZHENXIANG

出 品 人　聂雄前
责任编辑　杨华妮
责任技编　陈洁霞
责任校对　张丽珠
装帧设计　心呈文化

出版发行　深圳出版社
地　　址　深圳市彩田南路海天综合大厦（518033）
网　　址　www.htph.com.cn
订购电话　0755-83460239（邮购、团购）
设计制作　深圳市心呈文化设计有限公司
印　　刷　深圳市华信图文印务有限公司
开　　本　889mm×1194mm　1/12
印　　张　6.5
字　　数　56 千
版　　次　2024 年 3 月第 1 版
印　　次　2024 年 3 月第 1 次
定　　价　98.00 元